104

MIGHTY JAPANESE FLEET
精強なる日本艦隊

2011年、中東某国沖で停泊する護衛艦「きりさめ」。

序文

　実にめでたい限りである。海上自衛隊が発足して、早や60年である。しかもその記念すべき年を不肖・宮嶋ごとき若輩者の写真集で祝ってくださるというのである。

　海上自衛隊は自他共に認める帝国海軍の良き伝統を受け継ぐ近代海軍である。国でどう扱われようが、憲法をどう解釈しようが、イージス艦6隻、ヘリ空母2隻、潜水艦16隻、P－3C80機を保有し海外では間違いなくジャパンネイビーと呼ばれる。それは本書に掲載された不肖・宮嶋の拙い写真でも充分ご理解いただけるであろう。そうなると、終戦直後から海上保安庁海上警備隊、保安庁警備隊までのごく短い数年という不幸な時期を除けば、えーっと我が国に近代海軍ができた時期が問題なのやが……軍艦奉行・勝麟太郎が開設した海軍学校からやろか……榎本艦隊からやろうか、いや明治維新後に海軍省が発足してからやから……126年か。

　しかし……その間、帝国海軍はまるで台風に居座られたバシー海峡のごとく、激動の時代を渡り歩いてきたのは何も本書で不肖・宮嶋ごときが述べるまでもない。

　とにかく帝国海軍は数々の栄光に包まれながら、昭和20年、一度消滅したのである。だが、いくら、憲法が変わろうとその業績は決して色褪せるものではない。その伝統は今も海上自衛隊に脈々と受け継がれているのである。

　戦後生まれの不肖・宮嶋の海上自衛隊とのお付き合いも、そういうわけで126年のうちのペルシア湾への掃海部隊派遣から現在までの僅か21年にすぎない。しかしこの21年は日本にとっても、海上自衛隊にとっても激動の21年だった。

　米軍お下がりの旧型駆逐艦から始まり、早速、朝鮮戦争にも掃海部隊が極秘に出動したのは隠された史実であるが、かつて「大和」「武蔵」を造った日本人は、約50隻の護衛艦、16隻の潜水艦、約180機の航空機、そして特殊部隊までを保有し、今やラバウルより遠いアフリカ大陸で航空基地もとい活動拠点を構え、国の守りはもちろん、国の内外を問わず災害派遣、人命救助、果ては海賊退治にまで乗り出し、国際社会に貢献しとるのである。先の東日本大震災でも彼ら彼女らの献身的な活動は記憶に新しいところだが、あの寒さの中、護衛艦で、輸送艦で、艀《はしけ》の上でさえ、熱いお風呂に浸かった多くの東北の民が涙したのである。

　まあ、ヘタレ政治家が日本の国益を損ない、国際社会から失った信頼を、彼ら彼女ら若い海上自衛官が雪降る東北で、灼熱のインド洋で、果てはアフリカ大陸で回復させて来たのである。

　それにしても、凄い時代になったもんである。

　派米訓練に遠洋航海、アデン湾に南極観測支援、毎年ごっそり艦艇や航空部隊が文字通り海を渡り、過去にはインド洋、ペルシア湾、スマトラ島にトルコ、中国大陸にまで出かけ、もう海上自衛官で海外派遣されん者はおらんぐらいである。ヘリ空母型護衛艦という戦闘艦にWAVE(女性海上自衛官)が乗り込むばかりか、女性艦長が指揮を執る艦まである時代である。

　「護衛艦」から大砲が消えても大気圏外で弾道ミサイルを撃ち落とせるのである。

　排水量8000トン弱という帝国海軍では重巡洋艦クラスの現在のイージス護衛艦一隻で、かつての連合艦隊全艦以上の戦闘力があるのである。

　その練度を保ち、さらにその戦力と日本の繁栄を向上させるため、また有事に備え、人知れず彼ら彼女らは少ない人員をフル稼働して、日夜、月月火水木金金の毎日を海の上、また海の底で励んでいるのである。

　そんな彼ら彼女らの活躍に、国は、それにふさわしい名誉を与えるどころか、暴力装置とまで蔑んできたのではないか。赤絨毯を長く踏んだだけの政治家や芸人にバラ撒く勲章の一つでも誇りある白い詰襟の礼装の胸に、授与したことあるの？

　さらに近い将来、行われるかもしれん尖閣沖海戦、竹島奪回作戦を前にして、予算と人員を亡国官僚と一緒になって削りまくってどないする。

　それなのに山本五十六元帥の「男の修行」を守り、「黙って征く」彼ら彼女らに、不肖・宮嶋からの激励を東郷平八郎元帥の言葉に代えて送りたい。

「勝って兜の緒を締めよ」

　何とか目の黒いうちに「ひゅうが」からハリアーとオスプレイが同時に発艦するところを撮らせてくれんか。

2008年6月21日、日本の裏側、ブラジル、サンパウロ市。日本移民上陸100周年記念行事に御参列された皇太子殿下が、軍艦マーチの演奏の下、着剣した64式小銃と旭日旗を掲げた海上自衛隊練習艦隊部隊の行進を目を細めて御覧あそばされた。戦後日本の皇族の方が武器をもった自衛隊をご覧になられたのはこの時が初めてであった。畏れ多いことだが、悠仁さまも、現英王室のように、いや戦前、戦中までの皇族の方々のように、ご本人が望まれるなら、もはや学習院やなく、ぜひ防大、もしくは幹部候補生学校へご進学あそばされることを切に願う。

2004年、アラビア海。輸送艦「おおすみ」。

2007年、インド洋北部。テロ特措法部隊。最後の補給を終える補給艦「ときわ」艦橋。

91

2004年、アラビア海。イージス護衛艦「みょうこう」の周囲を警戒するSH-60J哨戒ヘリ。

2005年、神奈川県横浜市ユニバーサル造船京浜事業所。海上自衛隊に引き渡され、自衛艦旗を授与された掃海艇「みやじま」。

827
829
829

2006年、相模湾。単縦陣を組んで疾走する「はやぶさ」型ミサイル艇「おおたか」「くまたか」「しらたか」、奥に見える艦は訓練支援艦「てんりゅう」。

13

2009 年。根室海峡の流氷観測のため北海道知床半島上空を通過する P-3C 哨戒機。

2010年。京都府・舞鶴基地。舞鶴に入港するイージス護衛艦「みょうこう」。
写真左上は、雪をかぶる「みょうこう」。

175

2004年、インド洋。イージス護衛艦「みょうこう」のCIC(コンバット・インフォメーション・センター＝戦闘指揮所)

2006年　相模湾。フレアを射出し、煙幕を張る護衛艦「やまゆき」

1998年、ハワイ沖太平洋。護衛艦「しらね」艦上より、シースパローミサイル発射の瞬間。

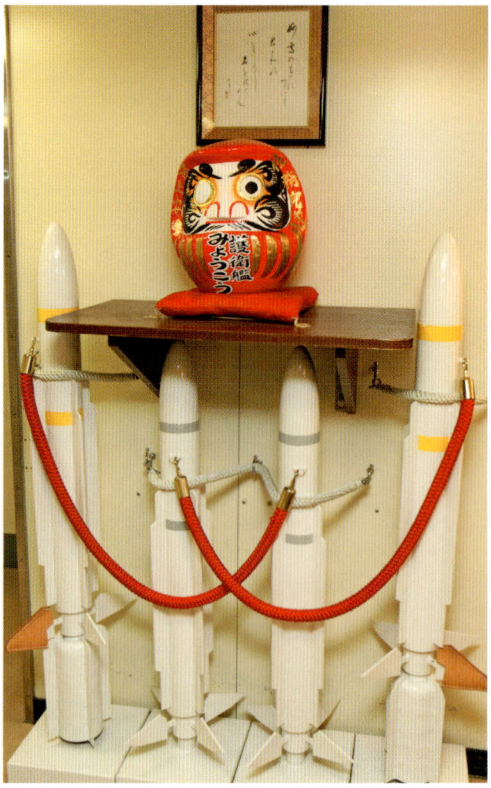

2010年、京都府・舞鶴基地。護衛艦「みょうこう」艦内。

1998年、ハワイ沖太平洋。護衛艦「しらね」艦上。再装填作業中のCIWS(20ミリ高性能機関砲)。

1998年、ハワイ沖太平洋にて。護衛艦「はるさめ」の76ミリ砲の砲塔下に収まる実弾。

2010年、アデン湾。海賊を捜索する護衛艦「きりさめ」の艦載ヘリ SH-60J。

2009年、山口県・岩国航空基地。共同海難訓練のため、フィリピンへ向かうUS-1、US-2の乗員。ブルーの制服の胸にJAPAN　NAVYの刺繍が見える。

2009年、神奈川県・横須賀基地。雨の中、捧げ銃を行う隊員。

2009年、神奈川県横浜市磯子区ＩＨＩマリンユナイテッド横浜工場、ヘリ空母型護衛艦「いせ」進水。

1998 年、広島県江田島市・幹部候補生学校の卒業式の模様。

1998 年、広島県江田島市・幹部候補生学校卒業式後、軍艦マーチに送られる幹部候補生改め新任幹部。
お祝いに駆け付けた家族の前を敬礼のまま一列で行進し、そのまま運動場脇の内火艇に向かう。

2010年、ジブチ・ジブチ港。練習艦「かしま」艦上で、警戒配置につく警務隊員。

2008年、ブラジル、リオデジャネイロ沖。リオデジャネイロ入港前夜巨大なキリスト像に見下ろされて停泊する練習艦「かしま」。

2008年、護衛艦「うみぎり」にて訓練中の実習幹部。

（上４枚）2008年、護衛艦「あさぎり」にて、訓練中の実習幹部。

3508
421
125

1997 年、補給艦「さがみ」から補給中の練習艦隊（練習艦「かしま」と護衛艦「さわゆき」）。

2008年、ブラジル沖大西洋。朝日を浴びる護衛艦「うみぎり」。

2008年、ブラジル・リオデジャネイロ。整然たる敬礼。

2010 年、沖縄沖太平洋上。原子力潜水艦「ヒューストン」を先頭に陣形を組む日米合同の大艦隊。

2010年、沖縄沖太平洋上。自衛艦旗を掲げる「たかなみ」型護衛艦「さざなみ」。

181

2010 年、日米合同部隊のエスコートを受けるヘリ空母型護衛艦「ひゅうが」。

2010年12月10日、沖縄沖太平洋上。横隊を組んだ護衛艦部隊。写真上から護衛艦「すずなみ」「あけぼの」「いなづま」「はたかぜ」「はまぎり」。

2012年、東京都中央区晴海埠頭。晴海埠頭で一般公開中のヘリ空母型護衛艦「いせ」。その後ろは米第７艦隊旗艦「ブルーリッヂ」。

安全荷重750kg/台

2009年、広島県呉市・呉基地。出撃の時を待つ海自潜水艦隊。

2006年、相模湾。ドルフィン機動を見せる「おやしお」型潜水艦。

2009年、神戸市三菱重工神戸造船所。「そうりゅう」出港前の儀式、自衛艦旗に敬礼。

2011年、沖縄沖太平洋上の「そうりゅう」。

2012年、広島県呉市・呉基地。停泊中の「そうりゅう」

2006年、呉港内。「てつのくじら館」への展示のためサルベージ船で移動される「ゆうしお」型潜水艦「あきしお」。

1998年、鹿児島県・鹿屋航空基地。

2009 年、相模湾。フレアを連続射出する P-3C 哨戒機。

2009年、山口県岩国航空基地から出撃する電子戦機EP-3。

03
67

2009年、相模湾。編隊を組んで飛行するUS-2、US-1救難飛行艇。

5002

1997年、南極海。氷海をすすむ砕氷艦初代「しらせ」。

010年、神奈川県・横須賀基地。
代と色もシルエットもそっくりの2代目「しらせ」

1997年、南極海。南極大陸沿岸より16キロ。通称S-16ポイント。巨大氷山の間を縫ってすすむ砕氷艦初代「しらせ」。

1997年、重い物資をS-61ヘリコプターでリペリングして輸送する。

2010年、東京都・晴海埠頭、砕氷艦2代目「しらせ」に搭載されるCH-101ヘリコプター。

8191
海上自衛
91

2004年、RHIB(高速機動艇)で移動する「いかづち」臨検隊。

2007 年、SH-60J ヘリコプターから火力支援中の SBU（特別警備隊）隊員。

2007年、RHIB(高速機動艇)で洋上を疾駆するSBU（特別警備隊）チーム。

2007年、不審船制圧訓練中のSBU（特別警備隊）チーム

1997 年、東京都硫黄島。救難訓練中の S-61 ヘリコプター。

1992年、ペルシア湾。夕暮れのペルシア湾にて作業中の掃海艇「あわしま」と「さくしま」。

1992 年、ペルシア湾。補給作業中の補給艦「ときわ」。

1992 年、ペルシア湾。機雷捜索中の掃海艇「ひこしま」より「ときわ」を望む。

厳 禁

1992 年、南シナ海。カンボジアへ向けて航行中の輸送艦「みうら」が僚艦「おじか」とハイラインを試みる。

1992年、レイテ沖海戦の戦没者のために弔銃を発射する輸送艦「みうら」儀杖隊。

1992年、カンボジア、コンポンソム港。カンボジアへの初上陸は輸送艦「みうら」の上陸用舟艇で。

1992年、広島県呉基地を出港しつつある「みうら」から。カンボジアへ向け出港する輸送部隊を見送る人々。

2002 年、国連統治下の東チモール　デイリビーチ。陸上自衛隊 PKO 要員が警備下のビーチに
輸送艦「おおすみ」搭載の LCAC(エアクッション艇) が国連カラーの白に塗装された陸自車輛を揚陸させる。

LA-01

58
05·2078
54
05·0882

2004年、ペルシア湾内クウェート沖。室蘭からクウェートにむけて
LAV(軽装甲機動車)始め陸上自衛隊車輌を輸送してきた輸送艦「おおすみ」。

2004 年、クウェート港。車輌揚陸準備を整え、輸送艦「おおすみ」を出迎える陸自イラク派遣部隊。

スマトラ島沖合。着艦しつつある陸自輸送機 CH-47 ヘリコプターより輸送艦「くにさき」を望む。

送隊

2005年、インドネシア・スマトラ島沖。輸送艦「くにさき」艦上にて災害派遣活動の視察に訪れた防衛政務次官を出迎える乗組員。

2005年、スマトラ島沖合。輸送艦「くにさき」より発艦しようとする陸自CH-47ヘリコプター。

25

2007年、インド洋西部。最後の補給作業のため、パキスタン海軍フリゲートと手旗を通してメッセージを交わす。

2004年、アラビア海。もやい銃で補給対象の護衛艦「むらさめ」にロープを渡す補給艦「ときわ」。

2007 年、インド洋北部。パキスタン艦からの感謝のメッセージにラッパで答礼する補給艦「ときわ」乗員。

2007年、インド洋西部。
補給艦「ときわ」甲板。

2007年、インド洋西部。パキスタン海軍のフリゲートより感謝のメッセージ。

TBS
BILOXI BELLE
MANILA

2007年、ホルムズ海峡を往く護衛艦「きりさめ」。

86

2010年、ソマリア沖・アデン湾。海賊の疑いのあるスキフ(小型船)を追い掛けるP-3C哨戒機。

2010 年、ジブチ空港 W(ウィスキー) ランプ。出撃前のチェックに余念のない機長。

（上３点）すべてジブチ・ジブチ空港。上２点は 2012 年、下１点のみ 2010 年。

2010年、ジブチ内陸部。不毛の大地の上を行くP-3C哨戒機。

2010年、ジブチ・ジブチ港。護衛艦「あゆうぎり」
搭載RHIB(高速機動艇)上。警戒に当たる乗組員。

2004年、ペルシア湾内
輸送艦「おおすみ」甲板。

2004、アラビア海。護衛艦「ゆうぎり」艦上に実弾で配備された12.7ミリ機関銃。

2009年、ジブチ港に停泊中の護衛艦「むらさめ」艦上。9ミリ機関拳銃を手に警備にあたる乗員。

2008年、遠洋航海中の護衛艦「あさぎり」甲板にて。

2010年、インド洋上で海賊対処にあたる海上自衛隊の護衛艦「いかずち」。

2012年、アデン湾。ドアガンの装備された、
護衛艦「いかづち」の艦載ヘリ、SH-60J。

153

2010年、ジブチ・ジブチ港。夜間照明を浴び出港する「ゆうぎり」

22
8296
DANGER
KEEP AWAY
海上自衛隊

2011 年、宮城県気仙沼市大島上空。行方不明者の捜索と救助のため東日本大震災の被災地を飛ぶ SH-60J シーホーク。

ANDY

2011年、岩手県広田湾内。東日本大震災の行方不明者を捜索するEOD(水中処分員)。

2011 年、宮城県大島沖。東日本大震災の被災者への入浴支援中のヘリ空母型護衛艦「ひゅうが」。卒業式前日に入浴支援を受けた、気仙沼市大島の中学生が帰りのヘリに乗り込む。

ウラジオストックにて、現地の子供達と「やまぎり」艦上

1998年、ロシア連邦沿海州ウラジオストク軍港。共同訓練のため入港した護衛艦「やまぎり」。右舷側に並ぶのはロシア海軍対潜駆逐艦「アドミラル・ヴィノグラドフ」。

2002年、東京湾。護衛艦「はたかぜ」と擦れ違うロシア太平洋艦隊旗艦、ミサイル巡洋艦「ヴァリヤーグ」。

104

2011 年、中華人民共和国山東省・青島軍港。親善訪問を終え出港する護衛艦「きりさめ」。

糾察

2011年、中華人民共和国山東省・青島軍港。親善訪問のため入港した護衛艦「きりさめ」の警戒と監視を続ける人民解放軍兵士。

2012年、沖縄県石垣市石垣港。北朝鮮による弾道ミサイル発射に対応して展開されたPAC3ミサイルシステムと部隊を載せた輸送艦「くにさき」を陸自中央輸送業務隊が旭日旗で出迎える。

4003

2011年、東京都・日本武道館。自衛隊音楽まつりにて。三宅由佳莉海士長。

2011 年、東京都・日本武道館。自衛隊音楽まつりを彩る海上自衛隊艦旗隊の WAVE。帽子に付けられた海自のエンブレムがまぶしい。

2008年　東京都・晴海埠頭　6ヵ月の遠洋航海から帰国した実習幹部たち。

2007 年、晴海埠頭。テロ対策特措法の失効にともない、新法成立
まで一時、任務を中断して帰国した補給艦「ときわ」を出迎える家族。

3
TOKYO

写真解説　解説に偏見はないと思いますが、あくまでも宮嶋茂樹の個人的な見解です。

表紙。2010年12月10日、沖縄沖太平洋。我が国イージス艦の特徴は高い艦橋である。そこに八角形のレーダーが見える。これこそがSPY1レーダー。同時に10以上の対空目標に対処でき後ろにも2面あり全方位をカバーする。特に我がイージス艦はステルス性（レーダーに映りにくい）を持たせるため、船体と艦橋の形状がツルリと甲板をさかいに斜めになっているのも特徴である。これで敵レーダーには排水量7250トンのイージス艦が小型漁船並みにしか映らんという。その高いマストに翻る旗旒に気がつかれた方、アナタは鋭い。これこそが107年前日本海海戦で東郷平八郎元帥率いる連合艦隊旗艦「三笠」に掲げられた「Z」旗である。旗旒信号（マストの旗）はAからZまで、各々意味があり、その組み合わせで他艦にメッセージを明示する。アルファベットの最後のZに「皇国の興廃この一戦にあり、各員一層奮励努力せよ」の意味付けをしたのは当時の連合艦隊参謀・秋山真之少佐、そう司馬遼太郎先生の小説「坂の上の雲」の主人公にもなり、皆さまのNHKで本木雅弘が演じた秋山真之である。日本海海戦で、ロシアのバルチック艦隊に歴史的勝利を収めてからというもの帝国海軍は味をしめ、真珠湾攻撃を始め、人きな戦の前に結構、Z旗を掲げてきた。そして最後は昭和20年8月15日。終戦の玉音放送が流れた直後、宇垣纏《まとめ》中将が乗り込む「彗星」の機体にZ旗を描かせ、沖縄方面に特攻に向かい、消えたのが最後……のハズやったが……甦ったのである。宇垣中将はじめ数多の英霊が眠る沖縄沖太平洋上の、「三笠」の……いや戦艦「大和」と「武蔵」より防空戦闘能力が高い現在のイージス艦の艦橋の上に。しかも、太平洋最強といわれる日米両艦隊を率いてである。もちろん現在も軍民問わず、旗旒信号は掲げる。これが商船のマストにあがれば「本船は何らかのトラブルあり。曳き船を求めている」である。しかし、このZの旗旒が、軍艦のマストに掲げられる意味は、一つしかないのである。107年前も、今も。この一戦が、尖閣諸島沖で我が領海を侵犯してくる中国海軍のパクリ空母殲滅の海戦か、竹島を不法占拠する侵略者共を海へ蹴落とす上陸作戦、どちらかを指すのであろう。と思うていたら、このZ旗の真相は意外なところにあった。実は「ちょうかい」、以前に日本海海戦勝利記念行事（毎年やっとる）に参加した際、クルーが手作りのZ旗を製作し、このイベントで使用したという。その後、この日米共同訓練に参加した「ちょうかい」は最終日のフォトエキサイズで日本側指揮官から、「バトルフラッグ」を掲げるよう命令が下ったが、「ちょうかい」にはこの巨艦に相応しい「バトルフラッグ」がたまたま手許に無かったという。普通、日本の軍艦で「バトルフラッグ」というたら、マストに旭日旗（自衛艦旗）を掲げるのが普通やが「ちょうかい」は大型の旭日旗がなかったため、それに代わる「バトルフラッグ」は、先日作ったZ旗しかないやろと、67年振りに作戦中の軍艦にZ旗が翻ることとなったのであった。

p1。2011年11月1日、ホルムズ海峡。中東某国沖で錨を降ろす。インド洋上での我が国の補給活動の文字通り「護衛」を担う護衛艦「きりさめ」。旭日旗は今も昔も我が国の軍艦の証。かつて西南の役で官軍の連隊の旗持ちだった乃木希典少佐は、軍旗を敵に奪われ、切腹しかけたぐらい、この旗は尊いと同時に敵に奪われることは、軍隊にとって最も恥とされる。以後、軍旗に爆薬を仕掛け、玉砕前など敵に奪われる恐れがあれば、爆破したぐらいである。それをまあ……某中国大使は中国共産党チルドレンに日の丸奪われても、生き恥をさらすわ、ヘタレ政府は旭日旗がハーケンクロイツと同じと朝鮮人にインネンをつけられても、国際社会に反論もせんのである。旭日旗は停泊中は日没時に降ろされ、朝、再び掲揚され、航海中は艦尾に掲げられ、作戦中はマストに掲げられる。今も昔も、全ての海軍軍人は、乗艦、下艦の際、旭日旗に必ず敬礼で、敬意を表す。

p4。2004年3月13日、アラビア海。輸送艦「おおすみ」艦上。ブルーの作業服は変わっても、制帽のエンブレムは今も昔も桜と錨がシンボルである。

p5。2007年10月29日、インド洋西部。テロ特措法部隊、補給艦「ときわ」艦橋。9・11以降、軍艦にとって新たな脅威となった小型機や小型ボートを使っての自爆テロ。それに対処するため、従来、海自艦艇甲板では使用されていなかった、機関銃、小銃などの対テロリスト攻撃のための武器が各艦に配備され、このための訓練も続けられている。補給艦も砕氷艦「しらせ」も旭日旗を掲げた我が国の立派な軍艦である。ミサイルまでは搭載されとらんが、武器はらゃあんと搭載している。

p6・7。2004年3月11日、インド洋西部。テロ特措法部隊イージス艦「みょうこう」とSH-60J哨戒ヘリ。遠洋航海はもちろんのこと現在の海外派遣では作戦上、ヘリとの合同作戦が必須となった。インド洋でも補給中は補給艦も被補給艦がたとえイージス艦でもコース、速度も変えられず、まして火気厳禁のため武器が一切使えず、全く無力であるため必ず哨戒ヘリSH-60Jが上空から警戒監視に当たる。

p8・9。2005年2月9日、神奈川県横浜市、ユニバーサル造船京浜事業所。不肖・宮嶋の自衛隊報道に対する功績から命名された……わけではない。安芸の「宮島」から命名された掃海艇「みやじま」。掃海艇には島の名前が付けられている。不肖・宮嶋はこの「みやじま」の初代艇長、雄山誠司3等海佐から正式に認められた名誉乗組員第1号となった。以前の掃海艇は全部木造であった。それは掃海艇が磁気によって爆発する機雷にも対処せんとあかんからである。その木造船技術もさることながら、海上自衛隊の掃海能力、対潜水艦能力は世界最高レベルである。戦後間もない頃、実際米軍の依頼で朝鮮半島まで掃海作戦に参加し、名誉の戦死者まで出しているのである。これは隠された戦後史である。

p10・11。2006年10月29日、相模湾。単縦陣を組んで疾走する「はやぶさ」型ミサイル艇「おおたか」「くまたか」「しらたか」、奥に見える艦は訓練支援艦「てんりゅう」。昨今、我が領海で跳梁跋扈する高速工作船に対抗して配備してきたのが、この「はやぶさ」クラスの高速ミサイル艇である。工作船というたって舐めたらアカン。日本人拉致から、シャブの運び屋にスパイ潜入、「悪いことならまかせとけ」のうえに、カラシニコフからRPG-7は当たり前、対空ミサイルまで装備し、海保の巡視船「いなさ」に攻撃したのはご存知の通りやが、この「はやぶさ」クラスも舐めたらアカンで。この大きさでガスタービンエンジン駆動のウォータージェット推進で速力40ノット（74キロ）以上、ハープーン対艦ミサイルから76ミリ砲まで装備している。後ろの「てんりゅう」クラスの主砲と同じ口径のがこのちっちゃなミサイル艇にのっかっとるのである。北の工作船ごときはハープーン使うのももったいないのでこの76ミリ砲で充分やが、現代の軍艦の艦砲射撃は陸や対艦で使用するよりも対空で敵航空機やミサイルに対処する。映画「亡国のイージス」でもこれでハープーンを落としよった。

p12・13。2009年2月19日、北海道知床半島上空。P-3C哨戒機の任務は潜水艦狩りだけではない。海上保安庁の依頼により、オホーツク海方面の流氷観測も毎年定期的に行っている。また近年我が国周辺の侵略者どもが跳梁跋扈する我が領海の哨戒飛行も、欠かせない。知床半島上空P-3Cの上、雲の切れ間に見えるのは国後島である。れっきとした我が国領土、国後島の上空をP-3Cが飛べんのである。侵略者共は我がヘタレ政権ほどやさしくない。警告もなしにいきなり撃ってくる。そして残念ながらP-3Cの武装は短魚雷と対潜爆弾

をボムベイに、ハープーンを主翼のラックに吊るせるのみで、対地攻撃も対空戦闘もできんのである。

p14・15。2010年12月6日、京都府・舞鶴基地。北のミサイルを大気圏外で撃ち落とせるMD（ミサイルディフェンス）仕様のSM3（スタンダード・ミサイル3型）を装備したイージス艦「みょうこう」。朝靄の舞鶴基地に日米共同訓練「Keen Sword」作戦から補給のため寄港した。ここ舞鶴は16世紀から天然の良港、明治期から海軍の街でもあるが、けったいなことに何故かまわりは晴れてても、ここ海自舞鶴港だけ雨や雪が多い。しかも冬は朝方、必ずと言っていいほど靄がかかる。この日、北朝鮮からの弾道ミサイル対処のための訓練を終え「みょうこう」と同じくSM3を搭載した米巡洋艦「シャイロー」が共に入港したが、北朝鮮工作員によるサボタージュ（破壊活動）や自爆テロが予想され、港内は海上保安庁の警備艇が、基地内は海自警務隊が警戒に当たった。左上は1998年、積雪の「みょうこう」。

p16・17。2004年3月9日、アラビア海。めったに見られないイージス艦「みょうこう」のCIC（コンバット・インフォメーション・センター＝戦闘指揮所）。イージス艦のCICは4面のSPY1レーダーからの情報表示のための4面パネルが特徴である。

p18・19。2006年10月29日、相模湾。いくら優秀な武器を備えていても、守りも大事である。それは大量破壊兵器に対してもである。護衛艦「やまゆき」がNBC兵器攻撃除染のため自艦を洗い流しつつ、漂煙帯を張り、さらにフレアを撃ち出し、敵を欺瞞する。左に見えるのは護衛艦「むらさめ」。

p20・21。1998年、アメリカ、ハワイ沖。2年毎にハワイ沖で行われる、環太平洋合同演習リムパック（Rim of the Pacific Exercise）。98年の作戦名は「バックウォリアー98」。日本近海では訓練できない、射程の長いミサイルの実弾射撃ができるため、我が海上自衛隊も1980年以後、毎回参加している。護衛艦「しらね」のシースパロー対空ミサイルのように、気兼ねなく、発射ができる。

p20。右中。護衛艦「しらね」艦上、CIWS（20ミリ高性能機関砲）。実弾とダミー弾を並んで装填訓練中であるが、1分間で4000発という信じられん弾幕を張り、百パーセントコンピュータ制御で敵ミサイルや航空機に対峙するが、あんまり速く撃つのですぐ弾がなくなってまうのが欠点である。1996年のリムパックでは護衛艦「ゆうぎり」のCIWSで訓練中、米海軍のA-6イントルーダー攻撃機をホンマに撃墜してしまった。幸いパイロットたちは緊急脱出して、ケガ人は出なかったが、昭和20年以降、戦後初の米軍機撃墜の記録を作った。米軍にはお気の毒であるが、日本人としては税金で買った武器がちゃあんと役に立ったと喜ぶべきであろう。

p20。右上。2010年12月6日、京都府・舞鶴基地、護衛艦「みょうこう」艦内。さすがSM3をVLS（垂直発射装置）ランチャーに収めたイージス艦艦内である。イージス艦のミサイルはこれだけちゃう。アスロック対潜ミサイル魚雷、ハープーン対艦ミサイルも搭載している。しかしトマホーク（対地巡航ミサイル）がないんや……。残念なことに。有事でこれらミサイルが使われんのにこしたことないが、将来、敵弾道ミサイルに命中、迎撃成功の暁にはこのダルマにも目が入れられることであろう。

p21下。76ミリ砲、護衛艦「はるさめ」甲板下。甲板上の76ミリ速射砲の下は、まるでトミーガンのようなドラムマガジンであるが、この76ミリ、砲弾を1秒間に3発ぶっぱなせる。現在の海戦では艦砲射撃で陸上の敵や海上の敵艦に向けてより、むしろ敵ミサイルや敵機に向ける機会の方が多い。とはいえ、トマホークを有していない、海上自衛隊ではこの艦砲射撃が陸上の敵に対する唯一の支援火力なのである。何でトマホーク買わんのやろ。トマホークあったらピンポイントで北朝鮮の独裁者の頭上に降らせ、朝鮮半島問題は一気に解決できるのに。

p22・23。2010年9月6日、アデン湾。アデン湾を海賊を追い求めて行く護衛艦「きりさめ」の艦載ヘリSH-60J。もちろんアデン湾仕様で防弾策が施され、武装もしている。

p24・25。2009年7月6日、神奈川県・横須賀基地。どんな国賊でも、選挙に勝って、首相に選ばれたら、最高指揮官と仰がざるをえない。そして、セレモニーに招かれざる客として来ても、栄誉礼で迎える。それが最高の名誉だということを知らないシロートも過去に何人もいたというのに、彼らは最栄誉礼で出迎える。この「捧げ銃《つつ》」、簡単に見えるがものすごいしんどい。この10キロ近い重さの64式小銃を掌だけで支えるのはシロートには10秒もできんハズや。シロートでも大臣は務まるが海の守りはプロにまかせとけ。それにこのセーラー服、女子高生の専売特許やない。こっちが本家やからな。長いスカーフは伊達やない。溺れかけたらつかみ易いようにや。四角い大きな襟は艦上での風の強い日でも立てれば指揮官の命令が聞き取り易いようにやで。

p24上。2009年5月1日、山口県・岩国航空基地。ウィングマーク（航空隊員のエンブレム）の上にJAPAN NAVYの刺繍がシブい。そりゃ国内じゃ自衛隊かも知れんが、海外では立派なネイビー、海軍なのである。遠くフィリピンまで、日米比合同海難救助訓練に出向く、US-1、US-2のクルーには目新しいブルーの制服が。一瞬、航空自衛隊かと見間違えそうだが、US-1、US-2という二式大艇の流れを汲む大型水陸両用機は現在は日本だけが造れ、世界の海軍で運用しているのは海上自衛隊だけである。今は武器輸出三原則で輸出できんらしいが、海上自衛隊では主に救難用として運用している。対潜、対艦攻撃、もしくは輸送用としてオスプレイと併用したら離島防衛力は劇的にあがるはずやが。両陛下ですら父島ご訪問の際、このUS-1を御用水上機とされた。

p26・27。2009年8月21日、神奈川県横浜市、IHIマリンユナイテッド横浜工場。普通の軍艦の進水式っちゅうたら、シャンパンボトル割って、くす玉割ったら、ドンガラバッシャーンとドックに滑り落ちるが、この「いせ」のように排水量1万3950トンにもなるとそうもいかん。最初からドックにすでに入っており、形だけ海に向かって移動させる。しかし、進水式終わったから、すぐ出撃っちゅうわけにもいかん。進水式終わっても、所属はまだ建造会社、この場合IHIマリンユナイテッド。これから実際海上を航行し、試運転を繰り返したり、甲板に武器を搭載していく。これを艤装と言い、それが完璧に済んで、初めて「いせ」は海上自衛隊に引き渡され、晴れて、旭日旗を掲げる。

p28・29。1998年、広島県江田島市。現在陸海空自衛隊の中で戦前戦中と同じ、教育機関を維持しているのは海上自衛隊幹部候補生学校だけである。所は終戦まで同じ広島県江田島、かつては海軍兵学校と呼ばれ、今も昔も日本の士官（幹部）候補生は全員ここ江田島の門をくぐり、防大卒業生も一般大卒者も1年のシャレにならん教育を受け、無事卒業したら3等海尉（Ensign エンスン）の階級章を与えられる。娑婆の大学院から幹部候補生学校に入校して卒業した

者には、2等海尉（Lieutenant Junior Grade ルーテナントジュニアグレード）。尚、在学中は海曹長、まだ下士官である。戦前戦中と同じ赤レンガの校舎は今も映画「男たちの大和」始め映画のロケにも使われるが、東京の築地にあった兵学校をここ江田島に持ってきたのは明治21年、秋山真之も山本五十六も山口多聞もここ江田島を巣立っていったのである。

p30・31。1998年、広島県江田島市。卒業式後、軍艦マーチに送られ、お祝いに駆け付けた家族の前を敬礼のまま一列で行進し、そのまま運動場脇の内火艇に乗せられ、国内巡航に出かける。なお、この大講堂の屋上には軍神東郷平八郎元帥の遺髪が残されているというが、現物を見た者は誰もいない。

p32。2010年9月12日、ジブチ・ジブチ港、練習艦「かしま」。自衛艦は国内外を問わず、錨を降ろした瞬間か、入港して舫《もや》いが結ばれた瞬間から、それが解かれるまで、つまり停泊中か入港中は艦首に旭日旗ならぬ日の丸を掲げる。ここジブチ港では海賊と戦う自衛官ですら、イスラムテロリストの標的にされているため、停泊中といえども、自艦の警備を怠らない。腰のペットボトルは警備に必須の無線機に結び付けられ、万一、甲板から海面に無線機を落としてもすぐに回収できるためである。また海上自衛隊では甲板作業中はズボンの裾をソックスの中に押し込む。もちろん突起物の多い甲板上で裾を引っかけて、すっころばんようにである。さらに白いヘルメットは警務隊（SP）の証である。陸軍のMP（ミリタリーポリス）に対し、海軍はSP（ショワパトロール）と呼ばれるが日本語では、かつては憲兵隊、今は陸海空同じ警務隊である。

p33。2008年6月13日、ブラジル、リオデジャネイロ沖。リオデジャネイロの巨大なキリスト像に見下ろされた練習艦「かしま」。海上自衛隊艦艇の入港はほとんどは前日、港外泊、当日早朝、入港と相場が決まっている。なお遠航のコースは世界一周、太平洋、北米、南米コースがあり、この南米コースが一番人気が高い。理由はいわぬが花であろう。

p34・35。2008年6月10日、護衛艦「うみぎり」艦上。実習幹部は常に目立つよう毎年、デザインは変わるが常に臙脂のスコードロンキャップをかぶる。板やろうが鉄やろうが、板子一枚下は地獄なのは海自隊員でも漁師でも同じである。海上の艦にいる限り、上は提督から下は水兵まで、運命共同体である。一人のミスが全乗員の死につながることもあるのである。

p35最上部。2008年6月12日。p35 2段目。2008年6月9日。p35 3段目。2008年6月10日。p35最下段。2008年6月13日。いずれも練習艦「あさぎり」にて、訓練中の実習幹部。

p36・37。1997年。現在遠洋航海中の練習艦隊は、旗艦「かしま」と35から始まる4ケタの練習艦、さらに随伴艦の3隻で航海を続ける。

p38・39。2008年6月10日、ブラジル沖大西洋。こんな光景は海上自衛隊に入隊しないと見れなかったであろう。ブラジル・アマゾン川の河口の町、レシフェを出港、次の寄港地リオデジャネイロまで大西洋を一路南下する。航海訓練はもちろん夜も続く。夜明けとともに僚艦「うみぎり」が朝日を浴びて浮かび上がる。見事、旭日旗みたいとはいかんが、こんな色はここ南大西洋でしか見れない。もちろん訓練中の実習幹部にこの美しさを楽しむ余裕はなかった。

p40・41。2008年6月14日、ブラジル、リオデジャネイロ。遠洋航海も半ば、敬礼も板についた実習幹部たち。一回り小さい訓練帽はWAVE（女性海上自衛官）の実習幹部。腰のタオル、ベッドのシーツのたたみ方まで、ミリ単位で統一できるまでシゴキもとい訓練は続けられる。

p42・43。2010年12月10日、沖縄沖太平洋上。ロサンゼルス級攻撃型原潜「ヒューストン」を先頭に、9万7000トンの原子力空母「ジョージ・ワシントン」を核（原子力だけに）にして、左舷に米海軍強襲揚陸艦「エセックス」、右舷に我が海上自衛隊ヘリ空母型護衛艦「ひゅうが」が控え、後ろに日米の艦隊が従う海の陣を張る。この近接した距離での操艦は、一歩間違えたら大事故に至るため、各艦の正確な操艦と相互の信頼が不可欠である。これを日清戦争以来海戦をやったことのない成金国家の海軍がやると……。一直線にすら並べんのである。あんな「なんちゃって空母」なんか持たしたらまたちょっかい出してくるな……。

p44・45。2010年12月10日、沖縄沖太平洋上。最近の海外派遣の常連、最新式「なみ」クラスの護衛艦「さざなみ」が一際大きなバトルフラッグ（旭日旗）をマストに掲げ一回りコンパクトなミサイル護衛艦「はたかぜ」クラス「しまかぜ」と輸送艦「くにさき」と掃海母艦「うらが」を従える。

p46・47。2010年12月10日、沖縄沖太平洋上。普段は視認性を考慮し、モノトーンの地味な塗装の米海軍やがフォトエキサイズともなると一際バカでかいバトルフラッグ（星条旗）をあげる。「ひゅうが」の後ろの「アーレイ・バーク」級駆逐艦「ジョン・S・マケイン」の掲げる星条旗は世界最大のデストロイヤー（駆逐艦）「ひゅうが」の掲げるバトルフラッグ（旭日旗）よりはるかにでかい。この「ひゅうが」型、哨戒ヘリSH-60Jが米粒に見えるくらい広い全通甲板の飛行甲板を持ち、ヘリ3機同時離着艦、11機収容できる世界の海軍から見たら立派なヘリ空母にもかかわらず我が国では護衛艦（DDH）と呼ばれ駆逐艦のカテゴリーである。別に日本がヘリ空母持ったって、かまへんのやで。憲法のどこにもそんなこと書いてない。そんな言葉遊びばっか続けるから、中国人や朝鮮人に舐められ、竹島は奪われ、尖閣も風前の灯や。せっかく保有した高度な武器は使いたくなるのが人情である。現に北の3代目は弾道ミサイルというオモチャを与えられ、嬉うて、早速使いよった。武器も将兵も使わずに済むに越したことないけどこればっかりは、専守防衛を旨とする自衛隊には相手＝侵略者次第や。彼らはその最悪の可能性を想定し、この高度な武器を使いその練度を維持している。せやから、ここぞという時に使わんと意味ないやろ。だから2011年の東日本大震災では10万人以上の陸海空自衛官を人命救助と復興にあたらせたやないか。今もその時である。彼ら彼女らは、命令あらば、躊躇することなく石垣島に侵入する中国の原潜に魚雷を落とす、尖閣に上陸する中国海軍工作船にハープーンをぶちこむ。竹島に上陸して朝鮮人侵略者を蹴落とす。一朝ことにあたっては我が身をかえりみず立ち向かう覚悟は彼ら彼女らにはあるのである。ただ命令を出す政治家にその覚悟がなかったため、これからも彼ら彼女らの苦労は絶えないやろうな。

p48。2010年12月10日、沖縄沖太平洋上。最新「あめ」クラスの護衛艦と従来の汎用護衛艦が併走すると、そのスタイルとサイズの違いがよく分かる。主砲も76ミリ、127ミリとバラバラだが、2本煙突の「あめ」クラスはハープーン以外のミサイルは甲板下のVLSランチャーに収まっている。

p49。2012年6月17日、東京都・晴海埠頭。レインボーブリッジをくぐり、ともに晴海埠頭ターミナルに入港したのは自他共に認める太平洋最強の海上航空戦力を誇る米第7艦隊の旗艦「ブルーリッヂ」と我が海上自衛隊の最新鋭護衛艦「いせ」である。日米双方のヘリ空母が並んで都民の前に姿を現したのである。この日は2艦とも都民を招いての一般公開であった。艦齢42年の「ブルーリッヂ」はさすがに寄る年波には……であるが、女も船も見かけやない。「ブルーリッヂ」はベトナム戦争にも第1次湾岸戦争にも出撃、アメリカに奉仕してきた、歴戦の勇士……というか勇女である。変わってかつての航空戦艦の名を継ぐ「いせ」は2011年の東日本大震災にはまだ就役前で駆けつけられなかったが、その災害対処能力は1番艦「ひゅうが」が遺憾なく発揮。多くの東北の民をお助けしたのは記憶に新しいところである。しかしさすがに客数で人気の違いが……「いせ」の広大な飛行甲板がその道のファンやファミリーで立錐の余地もないというのに「ブルーリッヂ」の方は少し淋しい。ホンマはすごい艦なんやけど……。まぁ太平洋の守りも島嶼防衛もこの「いせ」があれば飛躍的に上がることは間違いない。これにオスプレイと陸上自衛隊西部方面普通科連隊載せて作戦実行したら、竹島は一日で我が国に取り戻せるで。

p50・51。2009年3月13日、広島県・呉基地。海賊対処部隊の出港を翌日にひかえ、沈黙を守る潜水艦群。(国防上の事情により画像の修整があります)

p52・53。2006年10月29日、相模湾。ドルフィン機動を行う、「おやしお」型潜水艦。

p54・55。2009年3月30日、兵庫県神戸市、三菱重工神戸造船所。潜水艦は艤装が終わり、正式に海軍に配備されると、艦ナンバーはおろか艦名すらも消され、艦名を特定するのすら困難になる。この「そうりゅう」もセレモニー後、艦名は消されたが、一目で分かるX字舵だけが、その目印となる。ただし、この艦橋前部のカバーらしきものは何やろう？　よっぽど見られたらシャレにならん秘密兵器なのであろう。水上艦にとって最大の脅威の潜水艦も浮上して姿を現すと脆い。各国の潜水艦も他国の領海に入る際は浮上して、その艦橋上に国旗を掲げんと、侵略と見なされ、問答無用で沈められても、文句言えんのである。だから2004年、中国の原潜が石垣島周辺の我が領海に潜んでいたのは明らかな侵略行為だったのである。まあ中国人にとっては尖閣も石垣も沖縄本島もみんな中国領土、侵略とは思ってない。

p56・57。2011年10月4日、沖縄沖太平洋。ディーゼル潜水艦が原潜より弱いと誰がいうた？　中国人やろ？　少なくとも中国の原潜がいつ原子力事故おこしてもおかしくないし、我が国の石垣島の海の底を、ガラガラうるさいスクリュー音で侵略していたぐらいやから、あの程度なら我が海上自衛隊のディーゼル潜水艦の方がよっぽど静かで近代的である。

しかも我が海上自衛隊には、今や十字舵よりはるかに安定するX字舵と、スターリングシステムが装備された「そうりゅう」「はくりゅう」が配備された。このスターリングシステム、スウェーデン海軍が開発し、いくら聞いても不肖・宮嶋ごときのオツムでは理解できんが、酸素を複製するかなんかで従来は24時間ぐらいしか連続潜航できなかった通常ディーゼル潜水艦に比べ1週間も連続潜航できるという噂である。変わって原潜、こっちは、核分裂動力の恩恵で、無尽蔵の電力から酸素と真水を調達でき、理論上は半永久的に潜航できる。また原子力は長期無寄港航海する大型艦や南極観測艦にとってはまさに理想の動力なのである。が、いかんせん、維持、管理が大変、当然持つだけで大金がかかる、小回りも利かん。原発と一緒に海に潜るのである。中国の原潜が違う意味で世界一の脅威なのも分かるやろ。しかし、こと潜水艦に関しては海上自衛隊はその外殻なみに口が固い。潜水艦は海の忍者といわれるぐらい、深海に隠れるのが本職なのである。1億2000万の日本人でも、どの潜水艦が今どこにいるのか知っているのは、首相やシロート大臣は知らんのは当然として、おそらく、潜水艦隊司令官と自衛艦隊司令官の二人だけと言われているぐらいである。この不肖・宮嶋でさえ潜水艦に乗ったのは一度だけしかも停泊中、もひとつしかもカメラなしで。当然、尖閣沖にも、竹島近海にも、その時を待って潜んでいるハズ……。と不肖・宮嶋は思う。なお海上自衛隊では対艦艇用の魚雷を撃てるのは潜水艦だけである。護衛艦から、ヘリから、P-3Cから撃つ魚雷はすべて短魚雷、つまり対潜水艦用なのである。だから原子力空母ですら、姿が見えない潜水艦が最大の脅威なのである。我が海上自衛隊はその対潜戦闘力が世界最高クラスである。今一つはさきの掃海戦力もであるが。現在の魚雷は対水上艦やろうが対潜水艦やろうが、ホーミング（追尾）魚雷、位置が分かれば百発百中である。しかし、この世に乗り物数あれど、外が全く見えない乗り物は潜水艦だけである。しかも航空機と同じ三次元運動ができるが外が見えんから音頼み、その運用は凄まじいノウハウがいる上、クルーは高度な訓練を積まなければならないし、第一、適性がいる。閉所恐怖症も虫歯もダメ、鼻ぬけもできんとならない。しかもちょっとした事故、ミスで文字通り運命共同体、全員が海水に閉じ込められ、逃げ場がないというもっとも潜水艦乗りとしたら考えたくもない最期を迎えるのである。だからチームワークと同時に全員が口が硬いのである。蓮舫センセイの仕分けで槍玉に挙げられた、〝てつのくじら館〟の「あきしお」が陸に上がった際も、スクリューはダミーに差し替えられたぐらい、それぐらい潜水艦そのものから存在までが国防機密の塊なのである。ちなみに、潜水艦が急速潜航と急速浮上を繰り返すとイルカみたいやということから、潜水艦乗りをドルフィンと呼び、そのエンブレムはドルフィンマークと呼ばれるが2001年に、米原潜「グリーンビル」が愛媛の実習船と、その急速浮上が原因で悲惨な事故を起こしたからという理由かどうか知らんが、観艦式でも急速浮上を披露せんという噂もある。

p58・59。2012年4月2日、広島県・呉基地。潜水艦「そうりゅう」ブリッジのクローズアップ。

p60・61。2006年9月25日、広島県・呉港内。〝てつのくじら館〟に展示のためサルベージされた潜水艦「あきしお」。見上げる呉市民から将官に至るまで初めて見る光景。前述のとおり潜水艦のスクリューは我が国のトップシークレットのため、わざわざ取り付けられたダミー。この写真を本国に送ったスパイは大マヌケ。

p62・63。1998年、鹿児島県・鹿屋航空基地。ここ、鹿屋では毎年夏になると滑走路脇に黄色い花が咲き乱れる。タンポポみたいにも見えるがそうではない。全国でこの花が見られるのはここ鹿屋と、同じ鹿児島県下の知

覧、そう鹿屋は海軍の、知覧は陸軍の特攻機の出撃基地だった。そして誰が呼んだか特攻花、ここを飛び立ち、太平洋に散華した英霊がこの季節になると懐かしいのか花になってここ鹿屋と知覧に帰ってくると言い伝えられている。真相を明かし興醒めさせ恐縮やが、この特攻花の正体はオオキンケイギク、れっきとした外来種、南方に進出していた陸海軍航空部隊が内地に戻ってきた折、飛行服にひっついていたこの花の種子がプロペラで吹き飛ばされ、滑走路脇で新しい生命の息吹を吹き返した。南方と気候が似ているここ鹿児島でしか、繁殖しなかったのもその理由である。

p64·65。2009年10月25日、相模湾。このP-3C、外見上の特徴は「かげろう」に似た長い尻尾、これがかの有名な「MAD」である「狂気」と同じスペルであるが、この長いMADが地球の磁力を探知、潜水艦のような大きな鉄の塊が深海に潜むと地球の磁力が歪み、それを感知して、潜水艦を見つける、とまあこんな次第である。P-3Cのベースは民間機ロッキードの「エレクトラ」。このP-3C、世界中の海軍で採用されているが我が国には80機以上が作戦機。これは米海軍に次ぐ保有数である。このP-3Cシスターズ、さまざまの派生型機種があるが、特にEP-3、日本語で電子戦機とでもいうんやろうか、『自衛隊装備年鑑』にも何て載っとるか知らんが、不肖・宮嶋とて、一度も機内は見たことない。あのP-3Cの長い尻尾の代わりにけったいな大きい尻上がりのアヒルスタイルである。噂では敵の通信を傍受、分析しとるらしいが、今は、オスプレイと同じ岩国が基地である。P-3Cは機内一部も見れるがレンズも向けてはシャレにならんアングルもある。まあハッキリ言ってコンピュータだらけなのである。このP-3Cとて、オスプレイにとって代わられる米海兵隊のCH-46同様、そろそろ古くなってきたので、次の4発ジェットエンジンのXP-1が国産で開発中、間もなく、配備が始まる予定である。とはいえ、中身が無茶苦茶高価な機体である。それが今まで自衛のための機銃1丁搭載されなかった方がおかしい。1機100億とも50億とも言われるP-3Cが1発100円のバッタ対空ミサイルの餌食にされたんでは、コストパフォーマンス的に丸損である。そして2010年からやっとフレア発射器が装備された。不肖・宮嶋、イラク戦争中、米空軍のA-10サンダーボルトが対地攻撃するところを実際目にした。実戦でのA-10の対地攻撃見て今、息していることが不思議なくらいであるが、その際も1回の対地射撃を終え上昇する度にフレアを撒いた。レバノン南部を空爆中のイスラエル軍のF-15ストライク・イーグルも実際目の当たりにしたが、これまた攻撃直後フレアを撒き散らし離脱した。さらにイラクに派遣される航空自衛隊のC-130輸送機のフレア発射訓練を硫黄島で間近に見た。そのどれもが一発ずつ。せいぜい5連発やったが、この海上自衛隊のP-3Cはド派手である。まるでナイアガラの滝のようであった。これやったらアデン湾の海賊船に対してぐらいやったら充分効果的な武器になるで。ちなみにフレアはデコイ（囮）を撒き散らすことで敵ミサイルの赤外線シーカーを欺瞞し無力化させる。

p66·67。2009年5月1日、山口県・岩国航空基地。高価なP-3Cより更にわけの分からんハイテク機器満載のP-3。

p68·69。2009年10月23日、相模湾。我が国の飛行艇の性能は前の大戦中の二式大艇以来、他国の追随を許さない。その進化型が、今も世界に誇るUS-1と手前の渋いブルーに塗装された新鋭のUS-2救難機。離島の多い我が国ならではの機種ではあるが尖閣諸島警備のためにも期待は大きい。水陸両用の水上機を運用している海軍は世界に7つの海あれど、海上自衛隊だけや。このUS-1、US-2、ただ海面で離着水できるだけが能やない。実はとても固定翼とも思えんぐらいの低速で飛べるのである。そのままでオスプレイ状態。遅く飛べるぐらいで、何をそんなにいちびっとんのやとお怒りのシロート衆、低空遅う飛べたら小さな目標も発見しやすいやないか。たとえば海難事故の時なんかの要救助者、たとえば海賊、たとえば、北朝鮮の工作船に、中国の偽装漁船である。

p70·71。1997年、南極海。満載排水量1万9000トン、この当時、自衛艦最大であった砕氷艦「しらせ」が定着氷をチャージングしながら進む。チャージングとは艦を前進、後進と繰り返し、上下に艦を揺らしながら、舳先で厚い定着氷を割りながら、氷海を進む。そのため艦体の傷みが早いのに、この時すでに艦齢20年。おまけに一年の半分を南極への長い航海で働き詰め。南極観測船は、第1次南極観測隊に1億円の寄付をよこした自衛隊嫌いの朝日新聞が勝手に付けた名かどうかは分からんが、正式には「AGB」、「砕氷艦」。その名もアイスブレーカー。指揮官は南極観測船長ではなく、砕氷艦艦長で歴代1等海佐が務め、武器も積んだれっきとした軍艦である。事実、不肖・宮嶋がオブザーバーとして参加した第38次南極観測隊を載せた「しらせ」は南極からの帰途、大陸に近いペルーで勃発した日本大使公邸人質事件の進展によっては在留邦人救出の必要が生じるため、ペルーに向かおうとしたぐらいである。「しらせ」は通常ディーゼルエンジン。一度南極に向かうと丸4ヵ月間、南極大陸沿岸東オングル島の昭和基地沖合にアイスアンカーを打つ以外、全くの無寄港。満載した燃料、食糧を艦載ヘリやパイプラインで昭和基地や南極大陸へ輸送してしまうギリギリの燃料しか搭載していない。そのため航海中は厳しい真水制限が課せられる。他国の海軍のように南極に向かう艦が原子力動力であったら「タロ」と「ジロ」の美談も生まれなかったであろう。南極に着いてからのオペレーションはほとんどがヘリを使った空輸作戦、先代当時はS-61大型輸送ヘリがその主役となったが、2代目「しらせ」ではCH-101、3発エンジンの新型ヘリにとって代わられた。2代目も予算の関係で若干大型化されただけ、その航海はやはり文字通り、我が身を削りながら、氷をかき分けて進むのである。帝国海軍時代から、日本の軍艦には「山の名」「川の名」「自然現象」などが名付けられたが、この「しらせ」のみ明治時代に初めて日本人で南極探検に挑んだ白瀬矗《のぶ》・陸軍中尉の名が付けられている。もっとも、公式には白瀬中尉の業績を称えて命名された白瀬氷河から名付けられたことになっているが、その氷河の名のもとになったのやからやっぱ人名である。なお、新造した2代目も同じ「しらせ」と名付けられたが、こちらは2代続けて、同じ目的のための艦に同じ名が付けられた初めての例となった。他にエエ名がないし、南極といえばやっぱり「しらせ」だと、どこからも異論はなかったというが、別に自衛艦に人名付けたらイカンと憲法にも書かれてないし、他国の海軍のように、人名付けてもエエのではないか。「いせ」「ひゅうが」とヘリ空母型護衛艦に戦後初めて旧国名、旧戦艦の名が付けられたぐらいである。護衛艦「山本五十六」「東郷平八郎」もありではないであろうか。あ……イカン……もし沈没したり事故起こしたりしたら大変か。あのお隣の野蛮人の韓国海軍なんか、新型潜水艦に軍人ですらない「安重根」と名前付けたぐらいや。安重根は日本の初代首相伊藤博文をハルビンで暗殺した、ビンラディンも顔負けの国際テロリストの名である。他に民族の英雄がおらんかったんやな。次の潜水艦には「金嬉老」か？

p72·73。1997年、南極海。巨大氷山を縫う操艦の腕の見せどころ。

p72。2010年4月15日、神奈川県・横須賀基地。先代と色もシルエットもそっくりの2代目「しらせ」。

p73。1997年、南極海。南極大陸沿岸より16キロ。通称S-16ポイントにて。S-61ヘリコプターで重い物資をリペリングし輸送する。

p74・75。2010年4月15日、東京都・晴海埠頭。2代目「しらせ」になり艦載ヘリも新しくなった。先代S-61より大型、高馬力、輸送力も大きく、エンジンも3発のCH-101となった。

p76。2004年10月27日。p77、p78・79、p80・81。いずれも相模港。2007年6月28日。昨今の脅威に、小型高速船舶や小型機による自爆テロ、不審船、高速工作船、海賊などが加わった。こんな小型目標、一発何千万円ものハープーンやSAM（対空ミサイル）で迎撃していたら、コストパフォーマンス的にもったいない。しかも粉みじんになって証拠残らんということで、護衛艦はじめ、補給艦、輸送艦、艦載ヘリにも、7.62ミリ、12・7ミリ機関銃と防弾板が標準装備された。クルーにも当然新たな射撃訓練が必要になった。ところが、当時も今も海上自衛隊専用機銃がないのである。12・7ミリは陸上自衛隊の戦車に搭載されているキャリバー50。7・62ミリとて国産の62式軽機関銃、せいぜい64式小銃で陸戦訓練しかしたことなかった海上自衛隊艦艇乗員には初めての機銃射撃、しかも62式機銃は、ジャム（弾詰まり）が頻発することで悪名高い。部品も多いから、射撃の後、銃のクリーニングも大変である。防弾板も当然、後付け。護衛艦によっては盾をそのまんまロープで括り付けているものもある。尚、海賊退治のための護衛艦には艦橋も全て、分厚い防弾ガラスが内側に取り付けられ、視界が若干暗く感じられる。海賊退治やテロ対策の新兵器はそんなもんやない。まずはLRAD（Long Range Acoustic Device）や。これ何の略かというと、長距離指向性大音量スピーカーである。テロリストが使う数ヵ国の言語と警告音で発狂しそうな大音量を発生させ、ピンポイントでブチ当てるのである。ソマリ語、アラビア語から英語はもちろん朝鮮語、中国語まで、オプションで付けられる。こ

れがなかなかどうして、かの水産庁の調査捕鯨船が、あの海のテロリスト、シーシェパードで試し、ゴロツキ共をのたうちまわらせたぐらいという。これが両舷に一つずつ、である。こっちはもっとすごいで。通称RHIB（高速機動艇）である。従来の内火艇はせいぜい洋上連絡用やったが、このRHIBを操るのも、ただの水兵でない。むしろRHIBよりこっちの乗員……。まあ、おいおい教えたるが、こっちの方が、ぜんぜんすごいのである。このRHIBはもともとは海賊退治のために開発されたものではない。フランス、ゾディアック社製、最高速度40ノット（74キロ）以上。米海軍ネイビー・シールズはじめ世界の水陸両用特殊部隊御用達である。そうこれこそが、かつて公式には一度しか我々の目の前に現れたことがない、海上自衛隊特殊部隊、その名も、SBU（Special Boarding Unit＝特別警備隊、略して特警隊）である。その装備、能力、訓練内容、エンブレム、隊員の氏名どころか顔も覆面（バラクラバ）で隠して見えんのである。ただしインド洋に向かう前の出港セレモニーで乗員の中に、階級、職種、記念章も着けていない、けったいな制服に身を包んだ屈強な若者がところどころに……もうミエミエや。まあ装備はたった一度だけとは言え見せてくれた。たしかに陸上自衛隊以外で89式小銃を装備した部隊は初めて見た。しかもストック折りたたみ式のイラクバージョン、も一つしかもフォアグリップにダットサイト、もろ特殊部隊仕様。しかし解せん。いくらたった一度の報道公開やからというて、いかにも89式は制式小銃である。しかし訓練、作戦のほとんどを海中、もしくは海面下スレスレで行うSBUの武器は海水に浸かるのが前提である。水路潜入なんぞしようもんなら海中にしばらく浸かるのである。89式はガスポートに水が浸入したら次弾が撃てないという、こういう海軍特殊部隊の武器としては、もっとも不向きな部類である。それに船内の海賊やテロリスト制圧するのを主任務とするには89式はやや大ぶり過ぎるし5.56ミリ高速ライフル弾ではオーバースペックである。ここは世界の特殊部隊のスタンダードに合わせ9ミリ拳銃弾を使用するドイツH&K（ヘッケラー＆コッホ）社のMP5やろうと予想していたのにアテが外れたが、他の装備は見事ワールドスタンダードに達している。特に『自衛隊装備年鑑』に載っていないグッズがゴロゴロである。防水小型無線機に通信装置、ベイツのコンバットブーツ、暗視装置が装備されたヘルメット、指先の開いたタクティカル・グラブ、大型のコンバットナイフ。このカッコで40ノット以上のRHIBに並みの人間ならひっつかむだけで精一杯のところ、射撃しよるのである。そしてサイ（太もも）ホルスターから大型自動拳銃ワルサーP229まで引っこ抜くわ、プラスチック手錠をはめ出すわ、最新装備の大放出である。ちなみに最近の大量破壊兵器拡散に関わるテロリストや工作員やブツ捜索のために結成されたのが臨検隊である。写真はアメリカ沿岸警備隊、オーストラリア税関などと臨検訓練に臨む護衛艦「いかづち」のクルーで組織された「いかづち臨検隊」である。

p82・83。1997年、東京都硫黄島。未だ旧島民が帰れぬ東京都硫黄島。先の大戦では小笠原方面守備隊長・栗林忠道中将の指揮の下、近代戦史上最も熾烈な攻防戦が繰り広げられ、2万人の日本人将兵が散ったが、今は海上、航空自衛隊の航空基地となり、民間人は住めない。米軍が大物量と共に上陸してきた海岸線には未だに当時の沈船が残されている。今上天皇、皇后両陛下も慰霊のため訪れられたが、今は特別な許可がない限り、旧島民も自由に帰れるに至っていない。他には、クリント・イーストウッドや、この沖合で撃墜され、友軍潜水艦に助け出されたパパブッシュ元大統領も訪れた。硫黄島航空基地の救難隊（当時）は日々の訓練の他、父島、母島等、小笠原諸島の急患移送も担う。今は退役したS-61救難ヘリも、とても日本とは思えんすさまじい自然環境のここ硫黄島で思う存分訓練を続けられた。

p84・85。自衛隊法99条を根拠とした実任務。1992年、ペルシア湾。湾岸の夜明け作戦。戦後、我が国が初めて公式に参加した海外での軍事作戦はペルシア湾での機雷掃海であった。我が国は消費する原油の99パーセント以上を輸入に頼り、さらにその9割がここペルシア湾を通って来るというのに、時の政権はクウェートに侵攻したサダム・フセインとの戦いにただ一人も参戦させず、大金だけ丸投げして、世界の嘲笑を買った。その結果我が国が国際社会から失った信用を回復させるため、海上自衛隊が最も得意とする戦いに、掃海艇5隻、掃海母艦「はやせ」、補給艦「ときわ」の計7隻の艦隊と511人の兵力が派遣された。指揮を執ったのは、前の人戦末期の沖縄戦時「沖縄県民かく戦えり、後世特段の御高配を賜らんことを……」の最後の電文の後、自決した沖縄根拠地隊司令官・太田実海軍中将の御子息、落合峻《たおさ》1佐であった。まさに親子2代にわたってお国のためご奉公である。ペルシア湾では約9ヵ月で1200個の、サダムがばら撒いた機雷を爆破処分されたが日本が派遣した511人の男たちは99日間にわたり34個の機雷を爆破処分に成功した。

p86・87。1991年、ペルシア湾。湾岸の夜明け作戦。敵はペルシア湾に降り注ぐ日差しから発する酷暑と湿気、そしてクウェート沿岸から漂ってくる煤煙とサダムが撒いた何万発の機雷であった。機雷捜索中の掃海艇「ひこしま」より「ときわ」を望む。

p88·89。PKO協力法を根拠とした復興支援。1992年、カンボジア。1992年9月、東シナ海。カンボジアへ向けて航行中の輸送艦「みうら」と「おじか」。日本が初めてPKO（国連平和維持活動）に参加したのは21年前のカンボジア派遣からであった。カンボジアで使用する陸上自衛隊車輌の海上輸送に白羽の矢が立ったのは、当時ですら老朽艦だった平底のLST（輸送艦）「みうら」「おじか」と補給艦「とわだ」であった。排水量僅か2000トンの「みうら」「おじか」が選ばれたのは、カンボジア・コンポンソム（現シアヌークビル）港の水深が浅いため、平底でビーチングできるためであった。呉からコンポンソムまでの17日間無寄港の航海は、台風の居座ったバシー海峡（フィリピン・ルソン島と台湾の間の海峡）で丸1週間翻弄された。しかし航海中も部隊の練度を維持するため、サンドレッド（砂袋の投擲）、ハイライン等、厳しい訓練が続く。長期航海中、赤道を越える際には赤道祭りが、また先の大戦の激戦地だった海域を通る際には慰霊祭が執り行われる。

p90。1992年9月、カンボジアへ向けて航行中、フィリピン近海の輸送艦「みうら」艦上。この日夕刻、レイテ沖海戦で散華した幾万の英霊に対し、花束と清酒が捧げられ、27発の弔銃が発射された。

p91上。1992年10月3日、カンボジア、コンポンソム港。カンボジアへの初上陸は輸送艦「みうら」の上陸用舟艇で。

p91下。1992年9月17日、広島県・呉基地。呉を出港する「みうら」から。今も昔も残される家族が無事航海と武運長久を祈る気持ちは変わらない。当時はPKO派遣に世論が真っ二つだったが、国のため、カンボジアのため、国際平和のため征く彼らを見送る国民も多くいた。

p92·93。PKO協力法を根拠とした支援活動。2002年3月28日、国連統治下の東チモール、デイリビーチ。陸上自衛隊PKO要員が警備下のビーチ。輸送艦「おおすみ」搭載のLCAC（エアクッション艇）が国連カラーの白に塗装された陸自車輌を揚陸させる。すさまじい轟音と砂塵にさそわれて、近隣の住民も遠巻きに見つめる。

p94·95。イラク復興支援特別措置法を根拠とした復興支援業務。2004年〜2008年、イラク。2004年3月13日、クウェート沖ペルシア湾。極寒の室蘭から灼熱のクウェートまで約70両のLAV（軽装甲機動車）始め陸上自衛隊車輌を洋上輸送してきた輸送艦「おおすみ」。ガスタービンエンジン搭載の最近の護衛艦と違いディーゼルエンジンの「おおすみ」は馬力をかけると黒煙が吹き上がるのが泣き所であるが、それでも先代の2000トンクラスの「みうら」型の4・5倍以上の8900トンの排水量、4倍以上の輸送能力がある。この甲板の下の車輌甲板に、2隻のLCACが収納されている。さらに甲板にも文字通り、陸自車輌で腹一杯である。しかし本来、強襲揚陸艦的ミッションもできる「おおすみ」型は陸自上陸要員や車輌を洋上機動するのが本職である。イラクで大活躍するハズのLAVも今は潮風に吹き晒しである。

p96·97。2004年3月15日、クウェート、クウェート港。7000キロ彼方の祖国から輸送艦「おおすみ」で運ばれた車輌を引き取りにきたイラク派遣部隊の陸上自衛隊員が出迎えた。有事なら敵の放つ弾の下、1分1秒でも早く、車輌と積み荷を揚陸させなければならない。

p98·99。国際緊急援助隊の派遣に関する法律を根拠とした復興支援業務。2005年2月4日、インドネシア、スマトラ島沖合。かつて皇軍が南方資源確保のため進駐したスマトラ島に、60年以上たって陸軍航空隊の末裔、陸上自衛隊航空部隊が、スマトラ沖地震後の津波で甚大な被害を受けたアチェ州に派遣された。任務は大型ヘリCH-47を含む8機の陸海航空部隊での人員、物資の緊急輸送と、医療、防疫支援であった。ことは急を要した。現地ではお得意の自己完結型宿営地を構築するヒマはない。この輸送艦「くにさき」がホテルシップとなり、陸海航空部隊の母艦となった。手の届きそうに見えるスマトラ島から沖合の「くにさき」に、陸上自衛隊のCH-47大型ヘリが最終アプローチに入る。猫の額ほどの護衛艦の飛行甲板と違い、全通甲板の「くにさき」の飛行甲板はまだまだ余裕がある。艦尾のゲートは、LCACが2隻収められており、こういう機能のある艦を世界の海軍では強襲揚陸艦というが、我が国ではLST（Landing ship tank ＝輸送艦）と呼ぶらしい。

p100·101。2005年2月5日、インドネシア・スマトラ島沖、輸送艦「くにさき」艦上。すでにスマトラ島沖の輸送艦「くにさき」を洋上航空基地として、緊急活動中であった派遣部隊には、初の陸海統合実任務ということもあり内地から頻繁にVIPが視察に訪れる。この日は政争にお忙しい政務次官がやってきた。部隊はその度に整列して出迎える。

p102·103。2005年2月6日、インドネシア、スマトラ島沖合、輸送艦「くにさき」艦上。71年前の12月8日、ハワイ沖の「赤城」艦上を彷彿とさせるが、本任務は夜明け前にスマトラ沖地震被災地に医療部隊を洋上の「くにさき」から空中輸送することである。「発艦準備急げ」のメッセージに、陸自CH-47大型ヘリコプターのコックピットから、「発艦準備よし」のサインが上げられた。

p104·105。テロ対策特別措置法を根拠とした後方支援。2001年〜2007年、2008年〜2010年、インド洋。2007年10月29日、インド洋西部。手旗は21世紀においても確実な通信手段である。無線と違い盗聴の恐れもないし。映画「亡国のイージス」でもクライマックスは衛星カメラを通した手旗であった。帝国海軍時代から手旗は片仮名（日本語）と英語があり、他国艦との通信手段としてきた。手旗は目視できる距離内においては極めて便利である。写真は、海上自衛隊のインド洋補給部隊がヘタレ政権から政争の具とされた不幸な時代、最後の

補給作業のため、パキスタン海軍フリゲートと手旗を通してメッセージを交わすところ。

p106·107。2004年3月11日、アラビア海。洋上の艦同士、給油するにしても、武器弾薬補給するにしても、補給艦が中心となる。自衛艦同士では手慣れたもんで、併走する距離も近いもんやからサンドレッド（砂袋をハンマー投げの要領でロープをつなげて投げる）もできるが、他国艦相手やと、コミュニケーションとタイミングにお国柄が出るし波が高いとあまりの近距離での併走は危険を伴う。というわけで今回は補給艦「ときわ」から護衛艦「むらさめ」にサンドレッドでは届かんちょい遠い距離から空気圧で発射するもやい銃でもやいを渡して、それから徐々にロープを繋ぎ、最後に給油管を渡す。

p108。2007年10月29日、インド洋西部。今もラッパ手はいる。今はとかくセレモニー的要素が強いというても、風や波の音にまじってもラッパの音はよく通る。観艦式の時も、観閲が一艦終了する度に最高指揮官（ヘタレ首相ばっか）の後ろで短いメッセージをラッパで答礼するあれである。この日は、海自部隊からの最後の給油中、これまでの献身的な補給活動に対する、パキスタン海軍からおくられた心温まるメッセージに対する返礼として、ブレイク（併走状態を解除する）間際に、ラッパで返答を送った。

p109上。2007年10月29日、インド洋北部、補給艦「とわだ」甲板。第1次湾岸戦争後のペルシア湾の機雷掃海活動から海上自衛隊の、海外での作戦が始まったが当時は新造艦だった「ときわ」「とわだ」もそろそろお年となり、全長220メートル以上の超大型の補給艦「おうみ」と「ましゅう」が海上自衛隊に配備された。あの「キティホーク」に補給したらどうだのと朝日新聞にインネンをつけられた米海軍補給艦「ペコス」より「ましゅう」クラスはでかいのである。というより全長は「長門」と同じクラスなのである。この補給艦、長期洋上作戦や海外派遣に欠かせない。ペルシア湾の掃海作戦で掃海艇5艇、掃海母艦「はやせ」と同行したのを皮切りに、カンボジアPKOの海上輸送、トルコ地震の際の復興物資海上輸送、スマトラ沖地震国際緊急援助隊とほとんど全ての海外派遣に参加したのである。もちろん、インド洋では補給艦はテロとの戦いに参加した多国籍軍の補給の主役になった。実は帝国海軍時代から補給艦はあり、当時のRAS（洋上補給＝Replenishment at sea）は補給艦の艦尾から洋上にホースを垂らして行ったというが、現在は補給艦を中心に左右に併走して行う。「ときわ」クラスも「ましゅう」クラスも左右両舷同時にRASが可能で甲板には艦艇燃料、真水、航空燃料用のステーション（補給ポイント）が6つもある。速度9ノットで航行しながらRASをやるのは停泊しとるより艦が安定するからである。RAS中は補給艦、被補給艦ともに武器の使用どころか火気厳禁はもちろん、艦内での喫煙、調理もできない、コースも速度も変えられない、全くの無力状態。だから補給艦はできるだけ短時間で、できるだけ大量にRASができるよう、地味ながら血のにじむ訓練を重ねているのである。

p109下。2007年10月29日、インド洋西部。外国の海軍すら、インド洋補給活動を通じ、テロとの戦いを共に闘った感謝を送ってくれる。それが内地から漂ってくるのは、そんな彼らの奮闘を故意におとしめようという国賊政治家共の腐臭である。写真は、補給艦「ときわ」より補給を受けたパキスタン海軍のフリゲートからのメッセージ。

p110·111。2007年10月29日、ホルムズ海峡を往く護衛艦「きりさめ」。ただでさえ狭いホルムズ海峡はタンカー銀座である。ペルシア湾で原油を満載したタンカー、これからペルシア湾深部に原油を積み込みに行くタンカーが、順番待ちで鈴なりである。そこにインド洋の自爆テロリスト、アデン湾の海賊らに対し、船団を組む商船の順番待ちでさらに渋滞に拍車がかかる。中東から内地までのシーレーンはまさにオイルロード。日本の大動脈、そこのホルムズ海峡で、動脈瘤ができとるのである。この海域の安全保障は、日本の産業の発展に関わるばかりか、貿易相手である国際社会にも大きな貢献ができるのである。だから各国、この海域に軍艦を派遣し、テロリストや海賊と戦い続けているのである。我が国は、補給艦とイージス艦まで派遣し、日本の船のみならず国際社会から大きく感謝されてきた……。というのに現政権政党がインネンをつけ、本作戦は一旦中止に追い込まれた。

p112·113。海賊対処法に基づく警備行動。2009年～継続中、ソマリア沖アデン湾。2010年9月6日、ソマリア沖アデン湾。紺碧の海に真っ白いウェーキ（航跡）を残し、逃げ回るスキフ（高速小型木造船）。ここがソマリア海賊銀座である。特にこの時期、モンスーンが止み、アデン湾はそこらじゅうで毎日海賊が出没してはカタギの商船や貨物船を襲い、国際社会に迷惑をかけまくっとるのである。我が、海上自衛隊の航空部隊の任務は、2機のP-3C哨戒機でアデン湾を哨戒、いわば海賊狩りである。獲物（商船）に乗り込むためのカギ付きのハシゴにAK-47（カラシニコフ）にRPG-7ロケット砲……。これがパイレーツオブソマリアンの3点セットである。足は船外機を2基積み、むちゃくちゃ高速の出るスキフ。このスキフの母船がダウ（スキフより大きな小型船）である。このダウでスキフ数隻が、燃料、弾薬、食糧、水等の補給を受けつつ、毎日アデン湾を荒らしまくっとるのである。常習というよりソマリア沿岸部の村々は海賊を一大産業と完全に開き直っとるのである。我が航空部隊がスキフやダウを発見し、武器等の動かぬ証拠を押さえたら、同じ海上自衛隊の水上部隊をはじめ、アデン湾で展開中の各国軍にその情報を提供、ハイテク・目視を駆使し、海賊共を追い掛け回し各国軍の急襲部隊を誘導するのである。この日も、もろ怪しげなスキフをソマリア沿岸部に追い掛け回す僚機に偶然、帰投コース上で遭遇した。

p114·115。2010年9月6日、ジブチ・ジブチ空港W（ウィスキー）ランプ。P-3Cでは操縦士が必ずしも機長とは限らない。TACCO（戦術航空士）が、機長を務めることは何ら珍しくない。この日もそうであった。正操縦士の1尉が海賊退治の出撃前に地上クルーと愛機のチェックに余念がない。この80番機のコールサインは……おっとこれは国防機密か。○○○ネイビー○○や。これぐらいならいい？　このジブチ派遣海賊対処航空部隊、通称JAMBiO、エンブレムにジブチ国旗が見える。航続距離が長いP-3Cは夜明け前に出撃し8時間は海賊狩りの任務につく。大いなる戦果と無事帰投を祈り、地上整備員が旭日旗を掲げ送り出すのはラバウルと同じであった（ラバウルは見たことないが）。ただ時間通り、決められたコースを飛ぶだけの民間旅客機と違い、P-3Cの操縦士には敵の攻撃をかわしながら、対潜、対艦攻撃する戦術飛行能力が必要である。このP-3Cは、我が国領海を荒らす北朝鮮工作船に対し、対潜爆弾を投下したこともあるのである。

このデザートイエローのつなぎ（フライトスーツ）は、イラクに派遣された空自から始まり、現在は海自航空部隊もネイビーオリジナル仕様になった。（国防上の理由により画像の修整がございます）。p115上。2012年7月30日。p115中。2012年7月30日。p115下。2010年9月9日。いずれもジブチ・ジブチ空港。ここジブチのカラスはしぶとい。P-3Cのエンジンの中に巣まで作りよったのである。敵は海賊だけではない。世界一の酷暑とマラリア蚊、そして致命的な事故につながりかねないカラスもである。整備員が追い払っても入り込む。

p116·117。2010年9月9日、ジブチ・内陸部。群青の海原の上を飛ぶだけがP-3Cやない。ジブチの内陸部はほとんどが不毛の砂漠である。

p118-119。2010年9月4日、ジブチ・ジブチ港。護衛艦「ゆうぎり」搭載RHIB（高速機動艇）上。ソマリアの海賊に対処する最終手段として、このRHIBに乗り込んだ隊員が完全武装で海賊船に立ち向かっていく。この2人の操縦員に言わせると、このRHIBは一度コロがすと、もう内火艇には乗れん……。というくらいの高速、機動力を誇る。

p120-121。2008年6月9日。ブラジル沖大西洋。銃は個人的には5・56ミリ口径の89式より7・62ミリ口径の64式小銃の方が好みである。理由はいくつかあるんやが、最大の理由は銃剣が長いことであり、旧軍の38式歩兵銃並みにシブい。もちろん現在の海上自衛隊が小銃に着剣して戦うような戦《いくさ》というたら、竹島奪回作戦か尖閣上陸作戦ぐらい、あとは儀仗隊がセレモニーで着けるぐらいである。また、この時から防弾チョッキも黒い海上自衛隊オリジナルのものが配備された。噂によると、防弾やから重いハズなのに、浮力があるというのである。信じられん。

p120左上。ペルシア湾内、輸送艦「おおすみ」甲板。

p120右上。ジブチ・ジブチ港。護衛艦「ゆうぎり」艦上。インド洋上の補給活動以来、ここアデン湾に派遣されるDSPE（海賊対処水上部隊）の護衛艦の甲板にも、近接戦闘用に機関銃が装備されるようになった。護衛艦「ゆうぎり」艦橋付近に装備された12・7ミリ機関銃は手入れが行き届いているが、さすがに長期航海が続くため防弾板や船体のお色直しをする余裕はない。

p120右中。2009年9月4日、ジブチ・ジブチ港。停泊中の護衛艦「むらさめ」艦上。ここは平和ボケした島国ではない。いつイスラム原理主義者からテロをかけられてもおかしくない土地柄である。護衛艦内は国際法でも認められた立派な我が国の領土である。いくらこの船には特殊部隊SBUの猛者が乗っているとはいえ、我が領土と我が艦を守るのはクルーの務めである。淡いブルーの作業服は、現政府が政争の具にしてしまった猛暑下のインド洋補給部隊が初めて採用した。今までの艦上警備は重く長い64式小銃であったが、今度の「むらさめ」艦上では9ミリ機関けん銃にとって代わられた。64式小銃より軽いし狭い艦内でも取り回しが利くが、「コントロールが難しい」とクルーの評判は今一つであった。

p122-123。2012年8月1日、アデン湾。ドアガンが装備された護衛艦「いかづち」の艦載ヘリSH-60J。本来陸自の戦車や装甲車に載せられていた7.62ミリ62式機関銃をヘリに載せ替えた。足許のスピーカーはミニLRAD、上空から音と銃でも海賊共をビビらす。ワーグナーをかけないことだけは確かである。（前述）

p122右上。2010年9月4日、アデン湾でLARDを操作する護衛艦「むらさめ」乗員。

p124-125。2010年9月4日、ジブチ・ジブチ港。サーチライトに照らし出される護衛艦「ゆうぎり」。夜間も警戒を怠らない。

p126-127。2011年4月13日、宮城県気仙沼市大島上空。2011年の東日本大震災直後からありったけの艦艇、航空機が人命救助、行方不明者捜索のために投入された。ふだんは潜水艦狩りが本職のSH-60Jシーホークだが、行方不明者は人の眼でしか見つけられない。海上自衛隊は津波被害著しい沿岸部と海上での捜索を一手に担った。

p128-129。2011年5月1日岩手県広田湾内。海の中に潜り、機雷に爆薬をしかけてくるという信じられん程おとろしい任務が本職のEOD（水中処分員）は潜りのプロである。この広田湾内は、海流、潮の流れの関係で、昨年の東日本大震災で犠牲になった行方不明者が多く発見される。ソマリア沖の海賊退治から帰ったばかりのEODも行方不明者捜索に総動員された。ここ広田湾では、海中にひそむ機雷ではなく、海の下で物言わなくなった行方不明者の捜索である。未だ帰りを信じて待つ人がいる限り、最後の一人まで見つけ出す覚悟で掃海母艦「うらが」、掃海艇「みやじま」から毎朝夜明けとともに出動する。

p130-131。2011年3月31日、宮城県気仙沼市大島沖。ヘリ空母型護衛艦「ひゅうが」には、陸海空自衛隊、警察、自治体との統合運用を可能とする司令部機能も備わる。2011年に発生した東日本大震災での人命救助、復興にもその機能は大いに発揮された。津波に襲われ、インフラを断たれ、孤立していた気仙沼市の大島の中学生が卒業式前日「ひゅうが」で入浴支援を受けるため、陸上自衛隊の大型ヘリCH-47でやってきた。平時では世界一贅沢な風呂でも今は千年に一度の国難である。大島では震災後3週間、風呂どころか、飲み水にも事欠き、小学校のプールの水まで口にした。「ひゅうが」艦内の風呂で3週間ぶりに身体の芯まで温まり、ほんの少しの間だけ苦しみを忘れられた中学生が名残惜しそうに帰りのヘリに乗り込む。

p132-133。1998年、ロシア連邦沿海州ウラジオストク軍港。かつて悪の帝国と呼ばれた旧ソ連のしかも日露戦争時からロシア海軍唯一の極東の不凍港だったウラジオストクに我が護衛艦が2隻、金角湾に入ったのである。護衛艦「やまぎり」の後ろに見えるロシア海軍太平洋艦隊司令部に艦砲射撃を加えるためではなく、何と日露両海軍の共同訓練のためである。となりはロシア太平洋艦隊の対潜駆逐艦「アドミラル・ヴィノグラドフ」、排水量3500トンの「やまぎり」がこれまた小さく見える、8000トンの巨体やが、どうも……でかいだけみたい……な……それに、客船みたいに両舷に窓まである。軍艦は攻撃されることを前提にしている。そして洋上で一番こわいのは火事である。だから軍艦は燃えるものを嫌う。床も机も椅子もみんな鉄製が常識やというのに、艦橋以外に窓があるのである。ロシアはソ連時代を通じて、独ソ戦を見ての通り典型的な陸軍国である。我が北方領土に渡ってきた時は海軍艦艇使うたかもしれんが、無抵抗の日本人を襲い、追い立て、領土を奪ったのは陸軍である。変わって海軍ときたら、日露戦争の歴史的大敗以後、ろくに海戦やったことのない上、今や冷戦時代に大量に造った空母や原潜を持て余し、中国にまで売り渡したぐらいである。そんな海軍、付き合ってもロクなことがないような気がするが、それでも、訪問には親善の目的もあるのである。ガスタービンエンジンとSH-60Jヘリを搭載した「やまぎり」にはロシア海兵隊員の新婚夫婦からピオネール（共産主義少年団）みたいなシーメンズクラブのガキ共までが遊びにやって来てはクルーと記念写真に収まっていた。

p134-135。2002年10月13日、東京湾。スゴい時代になったもんである。ロシア海軍太平洋艦隊の旗艦「ヴァリャーグ」が帝都の鼻先に現れたのである。149年前のペリーの黒船以来の衝撃である。とはいうものの、東京訪問の理由は海上自衛隊50周年

記念を祝う国際観艦式へ参加するためである。さすがは推定排水量1万トン超のミサイル巡洋艦、排水量4600トンの手前の護衛艦「はたかぜ」が小さく見える。バカでかいのは対艦ミサイルやろうか？　が両舷に4基ずつ、これみよがしに据えられている。しかしロシア海軍っちゅうんはこれ以後、新しい戦闘艦造ってないんちゃうんか？　艦齢おそらく30年はいっとるんちゃうか。まだ使うか？　海上自衛隊の艦艇が中心の観艦式では、観閲艦と受閲艦が反航しながら行うという、極めて卓越した操艦技術を要するが、国際観艦式となると、停泊したまんまの受閲艦の横を観閲艦が通るというやり方が主流である。ちなみにこの「ヴァリャーグ」と同名の空母がソ連時代にあったが、ソ連崩壊の後、ウクライナ海軍に編入されたが、あげく怪しげな中国人にカジノにするとマカオのトンネル会社を通じて売られ、最後は中国に売られ、中国海軍空母に改修された。

p136・137。2011年12月23日、中華人民共和国山東省・青島軍港。海上自衛隊の任務は何も国防、災害派遣、国際貢献だけとちゃうで。ヘタレ政治家が失った我が国の信頼を回復し、無策の外交のケツもふいとるんや。これが国際親善訪問である。練習艦隊のように毎年、定期的に各地、各海軍と親善を深めることもあれば、災害派遣などで、いきなり請われて征く場合も、義理で仲良うせなアカン場合もあるのである。また世界の海軍国として、各国の観艦式にも毎年お招きされるので義理で護衛艦の何隻かも出さなイカンのである。時にはとんでも国家からも招かれる。まあ、ヘタレ政権が損なった日米関係を海上自衛隊がその場で修復し、侵略国家からの言い掛かりを「仰せの通り」と亡国官僚が土下座し、失った我が国の誇りを取り戻してくれてるようなもんである。てな訳で、中共もとい中華人民共和国、まあ台湾と区別して中共でもええんやが、何とパクリ空母やガラガラ原潜も配備された中国海軍北方艦隊の基地のある青島にやってきたのである。さすがに日本側指揮官、第3護衛隊群司令・北川文之海将補は大人の対応を見せたというのにホスト側の中国は、まさにこの日の朝のようにお寒い限り。やはりこいつらしょせん敵なのである。ここはしっかりこういう機会に情報収集に努め、今度、海の上で……いや海の底もあり得るか……見つけたら百年目、砲火を交える時に備えるいい機会である。しかし、いくら知らん間に軍事大国になったとはいえ、前回本格的海戦やったのは日清戦争、しかも当時も大国やったのに、日本の連合艦隊相手に全滅、以後、近代的海上戦闘の経験ゼロなのである。しかも、この中国海軍、正式にはPLA（People's Liberation Army）の一部、つまり海軍のくせに人民解放軍つまり陸軍なのである。当然最高指揮官は提督やないし、陸軍の参謀長というけったいな組織なのである。そんな国が空母や原潜、艦載機を運用できるわけない。あのパクリ新幹線ですらドカンと大事故起こしたくらいである。2013年には着艦訓練をやるらしいが、母艦にブチ当て、自爆が関の山やろう。

p138・139。2011年12月23日、中華人民共和国山東省・青島軍港。この慇懃無礼見てみい。これが日清戦争でぼろ負けして以来海戦してない国の水兵か。すでに自国の文字、漢字すら自らの意思で捨て去り、礼儀すらも忘れた国民の態度である。今こそ邦人救出と日本の大陸での財産を守るため、護衛艦を大陸に向かわす時である。かつて上海では帝国海軍陸戦隊が上陸、治安を守った実績がある。暴徒や略奪者を取り締まれない共産党政府に代わって、自衛隊がPKO（平和維持活動）部隊を送り込むべきである。

p140・141。2012年4月5日、沖縄県石垣市石垣港。北朝鮮による日本列島に向けての弾道ミサイル発射実験に備え、航空自衛隊のPAC3ミサイルシステムと部隊を搭載した海上自衛隊の輸送艦「くにさき」が石垣島に入った旭日旗を掲げ、出迎えるは陸上自衛隊の中央輸送業務隊。まさに陸海空統合作戦の見本みたいなシーンである。この陸海空統合作戦は航空自衛隊の航空総隊司令官を「BMD（Ballistic Missile Defense）統合任務部隊」指揮官として実行された。もちろんあの北の弾道ミサイルが我が国土に少しでも危害を及ぼすとBMD指揮官が判断すれば、海上で待ち構えるイージス艦からはSM（Standard Missile）3ミサイルをぶっぱなし、SM3が撃ち漏らした弾道ミサイルを陸上ではPAC3ミサイルで迎撃する予定であったが現実には北のヘタレミサイルが勝手に自爆して終わった。

p142。2011年11月18日。日本武道館という初の大舞台に幻の制服といわれていたイブニングドレス調第1種礼装に身を包み、「童神（わらびがみ）」を熱唱する三宅由佳莉海士長。いつも団体行動、チームワークを重視する自衛隊には珍しく独唱。実は三宅海士長は不肖・宮嶋と同じ母校で、声楽を専攻した後輩である。

p143。2011年11月19日、東京都・日本武道館。東京音楽隊隊長の指揮のもと一糸乱れぬ行進を続ける艦旗隊。その太ももよりも眩しい儀仗刀（サーベル）は残念ながら、この武道館で艦旗隊をエラそうに見下ろす国賊共を討つためでない。日本の国土、財産、安全を守るために振り下ろされるのである。ただこの場では艦旗隊を鼓舞し統率するために振るわれた。

p144・145。2008年9月18日、東京都・晴海埠頭。「かしま」「あさぎり」「うみぎり」帰国。練習艦「あさぎり」護衛艦「うみぎり」を引き連れ練習艦「かしま」が6ヵ月の遠洋航海を終え、出港地と同じ晴海埠頭に帰国した。6ヵ月前とは見違えるような「海の男」「海の女」のツラがまえになった実習幹部たち。

p146・147。2007年11月23日、東京都・晴海埠頭。補給艦「ときわ」が一時任務を中断して帰国、晴海に入った。父よ、夫よ、あなたは我が祖国の大いなる誇りです。しかしこの小旗のどこがナチスと一緒やて？　たかだか60年ちょいの歴史しかない国家と国旗しか持たん国は歴史を知らんから困る。我が国は2672年の皇道、豊葦原瑞穂国である。日の丸が国旗と定まったのと同じ時期から、旭日旗は軍艦旗だったのである。戦後若干、中心の日の丸が大きくなったが、現在も海上自衛隊の自衛艦旗、陸上自衛隊の連隊旗、果ては朝日新聞の社旗にまで使われ、現在も国際法上日本の軍艦はこの旗を掲げる。

p158。2004年3月13日、アラビア海。テロ対策特別措置法部隊のイージス艦「みょうこう」が夜明けとともに出撃準備に入った。錨を上げる「みょうこう」の内火艇が周辺の安全を確認している。

1999年、「ブルーフェニックス」作戦中。大地震の被害が甚大だったトルコに神戸で使っていた仮設住宅を送り届ける「ブルーフェニックス」作戦中の地中海。当時、大流行していた「タイタニック」を意識して。

裏表紙。2004年3月10日、アラビア海。べたなぎの海面を進むイージス護衛艦「みょうこう」。テロ対策特措法にもとづく支援活動のために、海上自衛隊は2001年から、途中、中断をはさみながら、2008年までインド洋、アラビア海に艦艇を展開していた。

※隊員の氏名及び階級、役職は撮影時のものです。

2004年3月13日、アラビア海。出撃しようとする護衛艦「みょうこう」の周囲で安全確認を行う「みょうこう」搭載の内火艇。

跋《ばつ》文《ぶん》

全国、1億人ちょいの読者の皆様、本書を膝を正し、閉じられたことと存ずる。

また、未だ本邦に巣くう外国の手先となってまで赤絨毯を踏む前首相初め、その取り巻き、そして、我が国にスパイ防止法がないのをいいことに、やりたい放題の中国人、朝鮮人のスパイ共も、目を皿にして穴が開くほど、本書に目を通していたと存ずる。

しかし、良識ある日本人の読者の皆様、ご安心めされ。

我らが海上自衛隊の実力は、こんなもんやないのである。ホンマの国防機密を、愛国者を自任するこの不肖・宮嶋、知っとっても、撮っとっても、たかが数パーセントの印税で、外国に売り渡すわけないやろ。

海上自衛隊に対する我が国民の信頼と理解は、本書で改めて強調するまでもない。

となりの半島国家のように、自らに理がないのを声高で凄んだり、脅したりして正当化するメンタリティーは海上自衛隊にも我ら日本人にもない。本当に強い軍隊は静かなもんである。それは、帝国海軍時代からの良き伝統の一つと言っても良いであろう。

それは彼《か》の山本元帥の「男の修行」が今も脈々と受け継がれているからである。

しかし、スパイに対しても、開かれた防衛省ではいかん。侵略者共にも、「愛される自衛隊」では絶対困る。

まあ全国1億人ちょいのホントの日本人の皆様は安心していただきたい。

彼らが砲口を向けるのは、外国の侵略者共とその手先となっている非国民に対してのみである。

本書で紹介された艦艇、航空機、武器は言うまでもなく、我らの血税で作られ、配備されたのである。それを操るは、厳しい訓練の果て、その技術を身に付けた、決して驕らず、決して怯《ひる》まぬ、その闘志を裡に秘めた4万5000人の日本の若者たちである。

彼ら彼女ら全員が「事に当たっては自らを顧みず、国民の負託に応える」と誓い、その覚悟をいつも決めているのである。まあ、不肖・宮嶋に言わせると、

「たとえ我が身が、我が部隊が撃たれようと、竹島を不法占拠する侵略者共に、尖閣諸島に上陸占拠しようとする偽装漁民に、石垣の海に跳梁跋扈する原潜にも、命令さえ下れば躊躇なく、爆弾を降らせて魚雷をブチ込む」となる。

ただ我が国にとっての不幸は、彼ら彼女ら4万5000人にその覚悟はあっても、我ら日本人がそれに理解を示そうとも、シロートがシビリアンコントロールしとったのである。

拳銃一発撃ったことのないのを自慢し、首相自らが最高指揮官であることすら知らぬアホが最高指揮官を名乗り、国民の生命・財産より自らの議席大事なヘタレが我が身を顧みず事に当たる覚悟を全然持ち合わせてないことである。

次の総選挙の結果、どこの政党の誰が自衛隊最高指揮官（首相）になるのか知らんが「アホな指揮官、敵より怖い」を、地で行く日々を、ここ3年間、日本人は送ってきたのである。

ウソやない。この3年間、ルーピー（アホ）とペテン師がホンマに最高指揮官やったのである。売国奴には近い将来、いずれ、天誅が下るもんだと信じたい。そして次こそは、彼ら彼女らと共に戦える覚悟のある最高指揮官が選ばれることを祈るばかりである。

さらに日本に仇なす侵略者共と戦う海上自衛隊員の武運長久も祈りたい。

本書は不肖・宮嶋が僅か二十一年間、撮り続けた、七つの海での訓練、作戦を大サービスでゴソッとかき集め、厳選し、編集した豪華かつ、DVDまでついたかなりお値打ちの一冊である。本書が世に出るまで、数多の方々にお世話になった。その方々にあえて謝辞を述べない代わりに、今も息を殺して深海に潜み、灼熱のアデン湾で無法海賊に立ち向かい、月月火水木金金の訓練を続ける若者に感謝と労《ねぎら》いの言葉を捧げたい。一円にもならぬ不肖・宮嶋の言葉で恐縮であるが。

「政治家はもう当てにならん。諸君らだけが頼りや。どうかご苦労やが、ガキから老人まで、日本が誇りを持てる国に戻れるよう、もうちょっと頑張ってくれ、ありがとう」

1999年10月。大地震で甚大な被害を被ったトルコに、神戸で使っていた仮設住宅を輸送する「ブルーフェニックス」作戦中の地中海で。

宮嶋茂樹

みやじま・しげき/1961年生まれ。報道カメラマン。日本大学藝術学部写真学科卒業後、講談社『フライデー』編集部専属カメラマンを経てフリーに。以降は世界中を飛び回り、紛争や災害、事件などニュースの最前線から写真やルポルタージュ、エッセイを発表し続けている

企画・構成　伊藤明弘 C-RIGHTS
　　　　　　泉岡寛和 C-RIGHTS
　　　　　　昆　尚文
プロデュース　山梨一寿(FORM.co.ltd)
DVD撮影　仙田祐一郎(FORM.co.ltd)
DVD監督　大島孝夫(FORM.co.ltd)

協力　防衛省海上幕僚監部　総務部総務課広報室

MIGHTY《マイティ》 FLEET《フリート》 精強《せいきょう》なる日本艦隊《にほんかんたい》

2012年10月8日　第1刷発行

著　者　宮嶋茂樹《みやじましげき》
発行者　持田克己
発行所　株式会社　講談社
〒112-8001　東京都文京区音羽2-12-21
電話　編集部　03-5395-3438
　　　販売部　03-5395-4415
　　　業務部　03-5395-3603
印刷所　図書印刷株式会社
製本所　図書印刷株式会社

ISBN978-4-06-218076-4